绝不失败的电子锅
蛋糕面包

（日）江端久美子 著
单文静 译

U0203634

超简单！

　　"好想做甜点吃啊，可惜家里没有大烤箱。"偶尔想自己动手做点心时，你会有这样的困扰吗？现在，就把这些烦恼抛开吧！因为只要家里有个电子锅，一切问题都可以解决。把准备好的材料放入锅中，按下煮饭键——简单的几个动作，松软可口、香味诱人的蛋糕或面包就能端上桌与亲朋好友一起分享了。本书要教给你54道只需一个按钮就能完成的电子锅蛋糕、面包。不管是香浓的奶酪，还是甜蜜的焦糖，都等着你来品尝。请与日本甜点美女老师——江端久美子一起来制作幸福的美味甜点吧！

河南科学技术出版社
· 郑州 ·

目录

第一章
加入材料、按下按钮
美味甜点自己做

动手挑战你的最爱！人气蛋糕

永远的浓醇香气！乳酪蛋糕

就是这样简单！戚风蛋糕

嘴馋时的速成点心！饼干和小布丁

第二章
由电子锅负责发酵，效率快又好！
超简单手工面包

完美膨胀度、口感十足的**美味面包**

让面包美味更升级！
抹酱和果酱

点心、主食都适宜！
甜面包和养生面包

动手做甜点前请看这里！
- 材料分量标示的 1 大匙 =15ml、1 小匙 =5ml。
- 本书所使用的为 5.5 杯 IH 式电子锅，制作的蛋糕尺寸为直径18cm，面包约为500g 的分量。
- 将糕点取出时，请小心蒸汽烫手。
- 使用电子锅烘烤前，请先确认电子锅本身的功能。

另外，不同品牌的电子锅有可能不适用本书的烹制方法，制作前务必仔细确认。

电子锅甜点的七大重点

使用电子锅制作蛋糕、面包前，请先确认家中电子锅的性能。
每种内锅厚度不同，可能会发生锅底焦煳或中间不熟等问题，
遇到以上现象，请重新调整烘烤时间。

超简单！

01 本书使用的电子锅

本书所有甜点均以 6 人份的 IH 电子锅为示范。若家中电子锅是 3 人份的，请将各项材料减至 2/3 的量即可。

目前市面上的电子锅大致可分为微电脑式和 IH 式，依品牌不同，附属内锅的厚度也各不一样。本书所使用的电子锅，无论是烤蛋糕还是面包都需要 30 ~ 40min（分）。但根据电子锅的不同，烘烤时间也会有所差异，建议按照书中提示的时间烘烤。

何谓 IH 电子锅？

用电磁加热的方式让锅身发热的装置。由于直接加热的关系，食物间传导热能的效率比较高。

何谓微电脑电子锅？

是遵照设定的流程，浸泡、煮饭、焖煮依序进行的装置。由于只有锅底下方有加热仪表，所以导热效果较 IH 电子锅略为逊色。

正确烹煮方法

请先按照一般煮饭的流程试一遍。现在许多品牌的电子锅多采用待米吸足水分才开始加热的设计，在制作面包或蛋糕时可省去此段时间，直接选择煮饭或快煮键，就可以烘烤甜点了。

02 担心烤焦吗？

一般的电子锅，煮好饭后会发出信号，若担心烤焦可闻一下飘散出来的味道。若已飘出阵阵香气，就差不多可以出锅了。要是已经有香味飘出，却离起锅还有一段时间时，可先按取消键，检查锅中状况。如果是加水蒸烤的情况（请参照 P22 ~ P23、P50 ~ P52），很可能时间未到就已烤好。因此第一次烘烤时，请参照建议时间，勿蒸烤过头。

03 颜色很淡，是没熟吗？

看到表面颜色很淡的蛋糕或面包，一般人都会感觉没熟，其实只要将竹签插入蛋糕或面包里，竹签上没有任何面糊时，就表示已经烘烤好了。根据电子锅类型的不同，可能会发生烤到一半按键就跳起的情况，遇到这种情况时，请再次按下启动键继续加热，并每隔 5min 检查一下。若出现要继续烘烤却无法启动的情形，可先关掉电源，稍等一会儿再重新启动。此外，部分锅身较薄的电子锅，在烘烤时可能会有底部变焦但面糊中心仍未熟透的状况，建议煮到八九分熟时切换至保温功能，再随时观察后续状况。

04 关于面包的发酵时间

面包的发酵时间要用眼睛来观察。利用电子锅的保温功能，可以有效帮助发酵，依气候不同发酵的速度也不一样。尤其是第一次发酵时，面团会膨胀至原来的两倍大，因此可以从外观上来斟酌时间的长短。如果快速发酵，会降低面包的口感，请自行估算发酵时间。

为什么烤不出漂亮的蛋糕？

若电子锅本身没有问题，就必须回头来看一下制作过程有无疏漏。请回想你制作时的情况，哪怕是一个看似不重要的小动作，都有可能影响成品的好坏。

蛋糕

• 奶油与鸡蛋是否已经回温？直接使用仍处于冰冷状态的鸡蛋，不仅不易打发，打发后也容易再度分离。
• 粉类是否过筛？面粉在过筛时会包住空气，使蛋糕吃起来松软可口。将所有需要使用的粉类放在一起过筛，就不会产生结块。
• 是否在蛋糕仍温热时就抹上糖浆？请参照P9的烘焙小贴士，让蛋糕充分吸收糖浆。
• 做好的戚风蛋糕取出锅时，请记得用干布盖好以防水分蒸发。

面包

• 面团是否充分发酵？即使发面状态不佳，再放置5～10min一样会继续膨胀。特别是第一次发酵时，请检查面团是否顺利膨胀至原来的两倍大。但若是过度发酵，之后面团也会越来越塌陷。
• 揉面团时请不要像搓丸子那样，要将面团拉开后从下方包起，收口集中在下方，这样才能均匀包裹住空气。
• 加热不足也是塌陷的原因之一。用手轻摸面团表面，感觉很有弹性时，便可停止加热。
• 温水的分量要斟酌加入，不要一次全加进去，要边观察边加入，这样就不会没等加奶油时面团就黏糊糊的。
• 用手掌揉面团，像折衣服般反复用力揉10min左右，面团会变得光滑柔软。
• 面包从锅里取出后是否完全放凉？电子锅属于密闭空间，比用烤箱烘烤更容易保留住水分。因此要稍微放置一会儿，等水分蒸发后再切比较妥当。

05 锅盖开闭有关系

除了戚风蛋糕，其余的蛋糕、面包或是果酱，在烘烤过程中打开锅盖或分两次烘烤都不会失败。但如果是在面包发酵期间，频繁地开闭锅盖会导致水分蒸发，记得开盖后用喷雾器喷洒上少量的水补足水汽。此外，在海绵蛋糕刚开始烘烤时便开启锅盖的话，蛋糕会膨松不起来，请多加注意。

06 烘烤完成的处理

除了质地较软的乳酪蛋糕为了保持水分需要留在锅中焖一下，其余的蛋糕、面包都要立即取出来放凉，待水气彻底蒸发后再切成适量大小。海绵蛋糕或面包等较柔软的甜点，在起锅时可用铲子辅助取出。

07 无法当日吃完的话

不管是用电子锅还是用烤箱做的糕点，保存方法其实都一样，取出后置于阴凉处。若当天没有吃完先包上保鲜膜，放入冰箱冷藏并尽快食用。若需要存放三天以上，就要切好后放入冷冻库；蛋糕可以用自然回温的解冻方式，面包则是直接放入烤箱烘烤（怕烤焦的话可在表面包裹上铝箔纸）。若是已抹上奶油等酱料的话，就必须在当日吃完哦！

电子锅甜点的入门功
食材、工具大解析

以下将针对书中使用的材料进行说明，包括调制面糊的重点，
不仅要注重鸡蛋、牛奶的鲜度，
奶油、粉类的品质也是越新鲜越好。
要想做出美味可口的蛋糕和面包，就少不了对这些食材的要求。

蛋糕用低筋面粉、面包换高筋面粉

蛋糕类请用低筋面粉，面包则用高筋面粉制作，这两者的最大区别在于蛋白质的含量。蛋白质含量较高的高筋面粉，只要加水揉和便可产生黏度和弹性。使用低筋面粉制作的食物，口感就比较松软。因此做面包时要用力揉面团，做蛋糕时则要减少揉和的次数，这样才能做出可口的点心。但是，不管用哪一种面粉，开封后都要放在阴凉处保存，并尽早用完以保持新鲜度。

奶油选无盐的

奶油分为有盐和无盐两种，本书使用的是口感清爽的无盐奶油。由于无盐奶油容易变质，所以挑选时要留意生产日期。

鸡蛋尤其要新鲜

书中选用的鸡蛋都是大尺寸的，鸡蛋的新鲜与否对于成品有极大的影响。而且鸡蛋要使用室温状态下的。

帮助面团膨胀的关键物

蛋糕和饼干都需要使用泡打粉使其膨胀，但存放太久的泡打粉膨胀效果不好，因此开封后请尽快使用。另一方面，制作面包时使用的干燥酵母粉，

使用时要注意加入的水的温度，低于10℃或高于50℃都不利于面团发酵。

清甜香草添芬芳

制作蛋糕时，为了增添香气常会加入香草精或香草油。油质的香草油即使加热后香味也不易散掉，因此本书均使用香草油，若没有也可用香草精替代。

水果酒风味十足

书中的部分甜点偶尔会用到蒸馏酒。蒸馏酒的种类非常多，如白兰地、朗姆酒等，都各有特色。可视个人喜好加入，很少的量便可提升整体风味。

坚果类记得先烘烤

本书材料中使用了许多不同的坚果。请挑选未加工的糕点用坚果，并在加入前先烘烤一下，使其香气完全散发出来。

· 如何熔化奶油

奶油可以用微波炉加热的方式熔化。加热过程中，要随时留意奶油的变化，完全熔成液体时便停止加热。加热时间勿过长，以防奶油迸溅。

· 烘烤方式

把坚果放入平底锅后用小火加热干煎，待表面呈现金黄色泽便可装盘放凉。

工具挑选的重点

制作蛋糕、面包的工具该如何选择呢？在此为你解析。

蛋糕	面包
钢盆：制作蛋糕时要选用较深的款式，以方便打发起泡。	钢盆：即使将材料全部放入也不会影响面团的揉和。尺寸大一些的话，使用起来会更顺手。
打蛋器：是制作质地膨松的海绵蛋糕或戚风蛋糕时不可或缺的有力帮手。	木匙：前端较细的设计，方便将酵母粉拌匀。
橡胶刮刀：刮刀前端要耐热，制作酱料时才不会因高温而被烧坏。	刮板：可整齐地分割面团或收集散落的粉类。
冷却盘架：用不锈钢制成。将完成的蛋糕放在上面散热，可避免水汽累积使蛋糕变湿软。	

第一章

加入材料、按下按钮
美味甜点自己做

人气蛋糕

乳酪蛋糕

戚风蛋糕

饼干和小布丁

动手挑战你的最爱！

人气蛋糕

相信吗？只要将你喜爱的巧克力、苹果、香蕉等材料放进电子锅，
就能做出蜜香苹果蛋糕、香蕉巧克力蛋糕、蒙布朗等咖啡馆风味的人气蛋糕。
参考下面6道甜点，心动不如马上行动！

柔软的蜂蜜蛋糕夹着甜脆的苹果
浑然天成的香味让你爱不释口

蜜香苹果蛋糕

Apple and Honey Cake

说到蛋糕，我最常做的就是苹果蛋糕了，
这次特意用蜂蜜来调味。
香浓蛋糕与爽脆果肉的黄金组合，
给孩子当点心或是假日午茶甜点，
都是不错的选择。
简单中兼具美味的实在口感！

材料

A ┬ 低筋面粉	....	100g
└ 泡打粉	....	1 小匙
鸡蛋	....	3 个
细砂糖	....	40g
蜂蜜	....	2 大匙
无盐奶油	....	30g
苹果	....	1 个
糖浆 ┬ 蜂蜜	....	2 大匙
└ 水	....	2 大匙

1

将鸡蛋、砂糖、蜂蜜搅拌均匀

　　将鸡蛋打入钢盆，并加入细
砂糖、蜂蜜，利用电动搅拌器均
匀打发。

　　打至略微黏稠，捞起时呈现丝
绸般滑落状态即可。

2

加入粉类、奶油

　　将过好筛的材料 A 加入步
骤 1 的材料中，用橡胶刮刀搅
拌。然后倒入熔化的奶油（参照
P6），将面糊拌匀。

3

加入苹果，准备烘烤

　　将苹果纵分成 8 份后切薄片，
加入步骤 2 的材料中搅拌。内锅
壁上涂一层奶油，倒入面糊，将
面糊抹平后按下煮饭键。做好后，
将竹签插入蛋糕中间，若不粘任
何面糊即为熟透。把蛋糕倒扣在
冷却盘架上冷却。

::烘焙小贴士

　　在刚做好的蛋糕上
抹上厚厚的蜂蜜糖浆，
即便长时间放置也不会
影响蛋糕口感。记得要
趁热为蛋糕涂上一层厚
厚的糖浆哦！

杏仁蛋糕

Almond Cake

为了做出不同于饭锅外形的蛋糕，
我绞尽脑汁、冥思苦想。
虽然将材料直接倒进内锅，就可以完成这款蛋糕，
但想到要送人，还是分成小块比较恰当。
于是，我试着用蛋糕烤模来烘烤，居然成功了！
源自突如其来的创意而呈现出新造型的杏仁蛋糕，
浓厚的杏仁香气是送礼的绝佳选择！

 材料 直径 15cm 的奶油圆蛋糕烤模

A ┌ 低筋面粉	……………………	50g
├ 杏仁粉	……………………	25g
└ 泡打粉	……………………	1/2 小匙
鸡蛋	……………………	1.5 个
细砂糖	……………………	50g
无盐奶油	……………………	30g
朗姆酒	……………………	1 大匙
杏仁粒	……………………	适量

▇▇烘焙小贴士

若用电子锅内锅烘烤，材料需比上述分量
多一倍。记得先在内锅壁上涂一层奶油（材料
外），倒入面糊后启动按键即可。

1
将奶油、细砂糖拌匀
将回温后的奶油和细砂糖
用打蛋器搅打至发白。

2
加入鸡蛋、粉类
将打散的蛋液分三次倒入
奶油中，用打蛋器搅匀后加入
朗姆酒。再把过好筛的材料 A
倒入，用橡胶刮刀轻搅。

3
倒入内锅，准备烘烤
在烤模内涂上一层奶油
（材料外），底层铺上杏仁粒后
倒入面糊。放入电子锅内锅里，
按下煮饭键。做好后，将竹签
插入蛋糕中间，若不粘任何面
糊即为熟透。将蛋糕倒扣在冷
却盘架上冷却。

浓醇奶油加香脆杏仁
勾勒出无与伦比的美味

11

香蕉巧克力蛋糕

Banana Chocolate Cake

香蕉与巧克力，
仿佛为彼此存在般的完美组合，
点缀些巧克力碎片，增加口感。
配上香醇黑咖啡，吃再多也不嫌腻！

材料

A ┬ 低筋面粉	120g
├ 可可粉	30g
└ 泡打粉	1 小匙
鸡蛋	3 个
细砂糖	100g
无盐奶油	40g
香蕉	3 根
巧克力碎片	30g

1
将鸡蛋、细砂糖搅拌均匀

将鸡蛋打入钢盆，加入细砂糖，用电动搅拌器均匀打发。将一根香蕉切成小段，与过好筛的材料A一同加入，用橡胶刮刀拌匀。再倒入熔化的奶油（参照P6），整体搅匀后加入巧克力碎片。

2
倒入内锅，准备烘烤

在内锅壁上涂一层奶油（材料外），倒入面糊。其余的香蕉切成 2cm 厚的片，放在面糊上用手指压进去，盖上盖并按下煮饭键。做好后，将竹签插入蛋糕中间，若不粘任何面糊即为熟透。最后把蛋糕倒扣在冷却盘架上冷却。

香蕉与巧克力的完美搭配
充满欢乐的回忆滋味

扑鼻而来的香气
凸显红糖的浓厚甜味

淳朴风味的极致表现！

香蕉红糖蛋糕

Banana & Brown Sugar Cake

很多人不喜欢熟透香蕉的口感，
这时候拿来做成蛋糕再适合不过了！
熟透香蕉的糯与红糖的甜，
是淳朴风味的极致表现，一起做做看吧！

 材料

A┬低筋面粉	·············	120g
└泡打粉	·············	1 小匙
鸡蛋	·············	3 个
红糖	·············	100g
无盐奶油	·············	40g
香蕉	·············	3 根

1
将鸡蛋、红糖搅拌均匀

　在钢盆内打入鸡蛋并加入红糖，用电动搅拌器仔细打发。将一根香蕉粗分为块状，与过好筛的材料 A 一起放入，用橡胶刮刀轻搅。再倒进熔化的奶油（参照 P6），将面糊搅拌均匀。

2
倒入内锅，准备烘烤

　在内锅壁上涂一层奶油（材料外），倒入面糊。其余的香蕉切成小片，放在面糊上用手指压进去，盖上盖并按下煮饭键。做好后，将竹签插入蛋糕中间，若不粘任何面糊即为熟透。最后把蛋糕倒扣在冷却盘架上冷却。

13

水果磅蛋糕

Pound Cake

水果磅蛋糕是西式甜点中不可或缺的主角，
略厚的片状，精巧的糖衣，
点缀着水果干、核桃，迷人可口的模样，
真的可以用电子锅烘烤吗？
包裹糖衣的技巧其实并不难。
而且放置一晚的滋味更让人回味，
想吃的话请提前一天动手制作哦！

 材料

A	低筋面粉	150g
	泡打粉	1 小匙
鸡蛋		3 个
细砂糖		100g
无盐奶油		130g
朗姆酒		2 大匙
混合水果干		150g
糖霜	糖粉	5 匙
	水	1 小匙
核果仁、水果干等		适量

（此次使用的是核桃、葡萄干、蔓越莓干）

❖❖ 烘焙小贴士

糖霜硬度会因水的比例不同而有所差异，
请注意控制水量。除了直接淋在圆形蛋糕上外，
也可以如右图所示抹在长条的蛋糕上。

1

调制面糊

在钢盆中放入回温后的奶
油与细砂糖，用打蛋器打发至
略微发白。将蛋液分三次加入，
搅拌均匀，再倒入朗姆酒。

2

加入粉类、水果干

将过好筛的材料 A 加入步
骤 1 的材料中，用橡胶刮刀轻
搅，然后加入水果干。

3

倒入内锅，烘烤完成

在内锅壁上涂一层奶油
（材料外），倒入面糊后盖上
盖，并按下煮饭键。做好后，
将竹签插入蛋糕中间，若不
粘任何面糊即为熟透。将蛋糕
取出来，趁热在表层刷上一
层厚厚的糖霜，并摆上核桃
仁、水果干装饰，静置冷却。

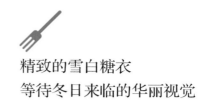

精致的雪白糖衣
等待冬日来临的华丽视觉

独特香料的味蕾刺激
让巧克力蛋糕另显风情

16

胡椒巧克力蛋糕

Pepper Chocolate Cake

巧克力加胡椒，可以这样搭配吗？
别怀疑！它们就是这样对味。
在某次的欧洲旅行中，我与胡椒巧克力有了
第一次邂逅，
初尝时的美味令我魂牵梦萦，
回到国内立即尝试把胡椒加入到蛋糕中。
柔和的辛辣感在口中隐隐散发，
不喜欢甜食的朋友，一定要试试这款美味蛋糕。

材料

A	低筋面粉	70g
	可可粉	15g
	泡打粉	1 小匙
鸡蛋		2 个
细砂糖		75g
白兰地		2 大匙
无盐奶油		75g
巧克力（苦味）		100g
四色混合胡椒粒		1 大匙

■烘焙小贴士

目前在市面上可以找到许多不同品种、口
感风味各异的胡椒，各位可视个人喜好自由添
加。此次使用的是粉红胡椒、白胡椒、绿胡椒
和黑胡椒。

1
准备材料、研磨胡椒
　　将奶油和巧克力利用隔水
加热或微波方式使其完全熔
化；将胡椒放入研钵中碾碎。

2
混合面糊
　　在钢盆内打入鸡蛋并加入
细砂糖，使用打蛋器仔细打
发。然后倒进白兰地与步骤 1
的奶油和巧克力，均匀搅拌。

3
加入粉类、胡椒
　　把过好筛的材料 A 放入步
骤 2 的材料中，用橡胶刮刀轻
拌搅匀，然后加入胡椒碎粒。

4
倒入内锅，烘烤完成
　　内锅壁上涂一层奶油（材
料外），倒入面糊后盖上盖，
并按下煮饭键。做好后，将竹
签插入蛋糕中间，若不粘任何
面糊即为熟透。最后把蛋糕倒
扣在冷却盘架上冷却。

海绵蛋糕的做法

各种材料的加入时间是影响海绵蛋糕口感的关键。
将鸡蛋打发至半固化，便可倒入面粉搅拌。
使用电子锅烘烤，不仅能让蛋糕色泽匀称，而且外形更加浑圆可爱。
请掌握要点，烤出湿绵的口感，
挤上奶油或果酱将更凸显其风味。

1
将鸡蛋打发起泡
　　在钢盆中打入鸡蛋并加入细砂糖，用电动搅拌器打至发泡，倒入少量香草油。
　　鸡蛋的打发程度以捞起时略显黏稠，如丝缎般滑落的状态为佳。将钢盆底部放入热水里，可加速打发起泡。

2
加入粉类、奶油
　　把过好筛的材料 A 加进步骤 1 的材料中，保持发泡状态，用橡胶刮刀搅拌。若拌入的粉类仍有残留颗粒，可倒入熔化的奶油（参照 P6）再次搅匀。
　　若有面粉尚未混入，可加入熔化的奶油，并注意搅拌的次数，由下往上均匀搅拌，维持发泡状态。

3
倒入内锅，准备烘烤
　　在内锅壁上涂一层奶油（材料外），倒入面糊。抹平表面，盖上盖并按下煮饭键。
　　倒入面糊后在桌上轻磕内锅，有助于去除空气。

4
烘烤完成
　　蛋糕烘烤完成后，将竹签插入蛋糕中间，若不粘任何面糊即大功告成。将内锅倒扣取出蛋糕，放在冷却盘架上，盖上干布静置放凉。

 材料

A	低筋面粉	100g
	泡打粉	1 小匙
鸡蛋		3 个
细砂糖		80g
无盐奶油		40g
香草油		少许

■■烘焙小贴士
　　刚烘烤完成的蛋糕相当柔软，取出时请小心。可试着倾斜锅身并用木勺轻推取出。盖上干布待其降温，海绵蛋糕就完成了！

蒙布朗

Montblanc

材料 直径 7cm 大小共 8 个

海绵蛋糕	1 个
A ┬ 栗子奶油	250g
├ 鲜奶油	2 小匙
└ 白兰地	少许
鲜奶油	100ml
细砂糖	15g
糖渍栗子	8 个
可可粉	适量
香菜（装饰用）	适量

1 将材料 A 中的栗子奶油与鲜奶油一同放入钢盆搅拌均匀，加入白兰地提香。
2 切下约 1.5cm 厚的海绵蛋糕，利用圆形器具压模。
3 混合鲜奶油、细砂糖，并将钢盆底部放置在冰水里，通过低温帮助奶油打发至捞起后呈锥状，用汤匙取适量堆在蛋糕上。再把完成的步骤 1 的材料用挤花袋（蒙布朗用）层叠挤上。最后装饰上糖渍栗子、可可粉、香菜叶即完成。

草莓鲜奶油蛋糕

Short Cake

材料

海绵蛋糕		1 个
鲜奶油		200ml
细砂糖		25g
樱桃酒		1 小匙
草莓		4 个
开心果		适量
糖浆 ┬ 细砂糖		2 大匙
├ 樱桃酒		1 小匙
└ 水		3 大匙

1 鲜奶油中加入细砂糖和樱桃酒，打至九分发（盆底放置在冰水里）。
2 制作糖浆。将细砂糖加入水中，用微波加热方式溶解，待热度略退后加入樱桃酒。
3 海绵蛋糕横切分成三片，取下面两片使用。在蛋糕内面涂上大量糖浆，下层蛋糕铺上发泡鲜奶油和切半的草莓后，再叠上另一层蛋糕。最后把剩余鲜奶油抹在蛋糕外侧，并用草莓和切碎的开心果装饰。

提拉米苏

Tiramisu

由海绵蛋糕演变出的提拉米苏，
绵密细致，最适合当作聚会时的伴手礼，
放在桌上与朋友们共同享用，气氛融洽无穷。
意式浓咖啡的香气，渗入蛋糕的每一个气孔，
混入马斯卡邦奶酪的香滑内馅，
更是挑战感官极限，
就算肚子饱饱，
也不愿错过哦！

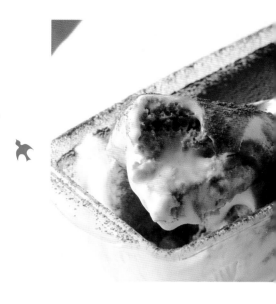

 材料 磅蛋糕容器 1 个

海绵蛋糕	1/2 个
马斯卡邦奶酪	150g
细砂糖	50g
蛋黄	1 个
鲜奶油	100ml
意式浓咖啡	150ml
可可粉	适量

:: 烘焙小贴士

提拉米苏适合低温保存，在常温下会逐渐熔化。食用前请置于冰箱冷藏，取用时用汤匙为佳。

1
混合奶酪、砂糖、蛋黄

将马斯卡邦奶酪放入钢盆中，用打蛋器搅拌。再倒入细砂糖和蛋黄搅拌至滑顺状态。

2
与鲜奶油拌匀

另取一个钢盆倒入鲜奶油，将盆底放置在冰水里，打至八分发后加入步骤 1 的材料中，一同搅拌混合。

3
倒入容器，撒上可可粉

将 1/4 的奶油馅铺在容器底层约 1cm 厚，再放上浸过意式浓咖啡的海绵蛋糕，如此重复层叠，注意最后一层要放奶油馅。放入冰箱冷藏，品尝前再撒上可可粉即可。

冰凉的鲜奶油与奶酪
衬托苦涩咖啡
如同天生绝配

姜汁蜂蜜蛋糕

巧克力花生蛋糕

市面上卖的松饼粉
也能变化出不同的蛋糕风情

橘香白巧克力蛋糕

小蛋糕的做法

利用现成的松饼粉，
就不用为了准备材料而手忙脚乱。
想吃就自己动手做，
手掌大小的可爱尺寸，
让每天的点心时间充满期待，
当作礼物也是人见人爱。

材料 5 个份

松饼粉	·················	100g
鸡蛋	·················	1/2 个
牛奶	·················	60ml

1
混合面糊

将牛奶、鸡蛋放入钢盆中仔细搅拌，加入松饼粉，搅拌至看不到颗粒时便可倒进纸烤模中。

注意纸烤模的硬度，纸烤模若太软，烘烤时会因膨胀而变形。也可将纸杯裁成适当大小来使用。

2
放入内锅蒸制

内锅中摆上蒸盘并注入热水，水的高度不得超过盘面，放入步骤1的材料。按下煮饭键，等锅里冒出蒸汽后，将竹签插入蛋糕中间，若没有粘面，再蒸5min。

小蛋糕可能锅底水分尚未蒸发完就已烤熟，注意别让水分被煮干了。

橘香白巧克力蛋糕

Marmalade & White Chocolate

柑橘的酸甜搭配白巧克力的乳香，由于巧克力容易熔化，建议切大块，才能突出口感。

材料

小蛋糕的基底材料

柑橘酱	·········	30g
白巧克力	·········	15g

混合材料准备蒸制

参照小蛋糕的做法 1，完成基底面糊。然后加入柑橘酱和巧克力块，混合拌匀。倒进纸烤模中，参照小蛋糕的做法 2 蒸制。

巧克力花生蛋糕

Cocoa Peanuts

浓浓的花生酱，吃起来香浓有分量！若能使用含颗粒的花生酱，口感会更好。

材料

小蛋糕的基底材料

三温糖（砂糖的一种）	·········	15g
可可粉	·········	2 大匙
花生酱	·········	1.5 大匙

混合材料准备蒸制

在钢盆中放入鸡蛋、牛奶、三温糖，搅拌均匀后加入松饼粉和可可粉，拌至无结块为止。加入花生酱充分混匀后即可倒入纸烤模，参照小蛋糕的做法 2 蒸制。

姜汁蜂蜜蛋糕

Honey Ginger

嫩姜的香气让蛋糕的甜味瞬间变得成熟、多层次，与蜂蜜一同加热后的风味更为出色。

材料

小蛋糕的基底材料

A ┬ 蜂蜜	·········	2 小匙
├ 姜泥（切碎）	·········	1/2 片
└ 水	·········	1 小匙

混合材料准备蒸制

先把材料 A 放入较深的耐热容器中微波加热（600W）1min。在钢盆中加入鸡蛋、牛奶与材料 A 一起搅拌。接着加入松饼粉搅拌至无颗粒，然后倒入纸烤模，参照小蛋糕的做法 2 蒸制。

永远的浓醇香气！

乳酪蛋糕

利用家中的电子锅，不一会儿工夫就做出香气四溢的乳酪蛋糕。
无论是绵滑香甜的轻乳酪蛋糕，还是讲求变化的成熟口味，
下面的人气乳酪蛋糕配方统统帮你搞定。

新鲜鸡蛋做出的蛋糕
滑顺口感唤醒味觉新体验

生乳酪蛋糕

Rare Cheese Cake

这款乳酪蛋糕是在我不断试验后诞生的。
奶油奶酪的浓郁滋味，仿佛是顶级的味觉盛宴。
刚出炉时的内馅鲜嫩滑润，
放凉后立即变身为细致的高雅甜点。
用全麦饼干制成的挞皮显现口感层次，
就算吃到最后一口，
也会挂着满足的微笑品尝！

材料

奶油奶酪	250g
细砂糖	80g
鸡蛋	2 个
鲜奶油	70ml
牛奶	200ml
香草油	适量
全麦饼干	70g
无盐奶油	30g

1

制作挞皮

　把全麦饼干放入塑料袋中用擀面棍碾碎，加入熔化的无盐奶油（参照 P6）仔细拌匀。倒进涂好奶油的内锅里，用保鲜膜辅助铺平压实，放入冰箱冷藏定形。

2

混合内馅

　将恢复至室温的奶油奶酪放入钢盆，用打蛋器搅拌至无结块状态，再加入细砂糖混合均匀。接着倒入打散的蛋液，将面糊搅拌至滑顺后加入鲜奶油、牛奶、香草油。

3

放入内锅，准备烘烤

　将做好的步骤 2 的材料倒在步骤 1 的材料上，按下煮饭键。做好后将竹签插入蛋糕中间，若不粘任何面糊即熟透。静置一旁放凉，再放入冰箱冷藏 3h（小时）以上使其定形。

■■烘焙小贴士

　要取出冷藏的冰蛋糕时，可在锅的下面铺上热毛巾，以方便蛋糕取出并不破坏外形。

朗姆葡萄乳酪蛋糕

Rum Raisin Cheese Cake

乳酪蛋糕遇上朗姆葡萄,
是毋庸置疑的美味搭档,
所以我决定在书中分享这款超凡美味。
浓郁的奶酪与甜中带酸的朗姆葡萄,
碰撞出饶富韵味的口感。
在我儿时的记忆中,
乳酪蛋糕总带有一股大人的成熟风味,
现在仔细回想,或许是因为朗姆葡萄的关系吧!

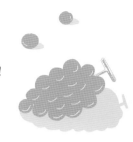

 材料

奶油奶酪	250g
细砂糖	100g
鸡蛋	3 个
鲜奶油	200ml
低筋面粉	1 大匙
朗姆葡萄	50g

┇┇烘焙小贴士

材料中的朗姆葡萄可购买现成的产品,也可以把葡萄干放入朗姆酒中浸泡一晚后使用。

1

混合面糊

将恢复至室温的奶油奶酪放入钢盆中,用打蛋器搅拌至滑顺后加入细砂糖。再倒入打好的蛋液搅拌均匀,便可加入过好筛的低筋面粉,将面糊搅匀。

2

加入鲜奶油、朗姆葡萄

将鲜奶油加进步骤 1 的材料中搅拌,再倒入沥干的朗姆葡萄搅匀。

3

放入内锅,准备烘烤

把步骤 2 的面糊倒入事先涂好奶油(材料外)的内锅中,按下煮饭键。煮好后将竹签插入蛋糕中间,若不粘任何面糊即完成。将蛋糕直接留在锅中放凉。

香浓的奶酪与朗姆葡萄
上演一段甜而不腻的恋曲

热带风情的变身演出！

芒果乳酪焗布丁

Mango Cheese Gratin

充满热带风情的芒果是我最爱的水果之一。
而这次奶酪要以清爽、低热量的姿态呈现。
趁热加入一团冰淇淋，
这不是人间美味吗？

材料

奶油奶酪 ··	100g
细砂糖 ···	35g
鸡蛋 ··	1 个
鲜奶油 ···	35ml
牛奶 ··	50ml
玉米粉 ···	1 大匙
芒果罐头 ···	150g
冰淇淋 ···	适量
香菜（装饰用）·······································	适量

1
混合面糊

　在钢盆中放入回温的奶油奶酪，先用打蛋器搅拌再加入细砂糖拌匀。倒入打好的蛋液，搅拌至滑顺状态，依序放入玉米粉、鲜奶油、牛奶、芒果罐头搅拌均匀。

2
放入内锅，准备烘烤

　内锅壁上涂一层奶油（材料外），倒入步骤 1 的面糊，按下煮饭键。做好后将竹签插入蛋糕中间，若不粘任何面糊即完成。趁热用汤匙挖至盘中，放上冰淇淋和香菜装饰。

烤奶酪搭配酸甜芒果果肉
激发出最大美味

抢先品尝蓝莓奶酪的醇厚
与海绵蛋糕的柔软口感

蓝莓乳酪蛋糕
Blueberry Cheese Cake

这是款充满成熟口感的乳酪蛋糕。
和红酒搭配一同享用，
绝妙的美味，保证让你为之惊艳。

 材料

奶油奶酪	200g
蓝莓奶酪	100g
细砂糖	50g
蜂蜜	2大匙
鸡蛋	3个
鲜奶油	100ml
低筋面粉	1大匙
海绵蛋糕（可用厚度1cm的现成品）	1个

1
混合面糊

在钢盆中放入回温的奶油奶酪，搅拌后加入细砂糖和蜂蜜搅匀。然后加入切成小块的蓝莓奶酪、低筋面粉、鲜奶油，并倒入打好的蛋液搅拌混匀。

2
倒入内锅，准备烘烤

在内锅壁上涂一层奶油（材料外），倒入步骤1的面糊后按下煮饭键。30min后打开锅盖，趁表面尚未凝固放上海绵蛋糕。煮好后将竹签插入蛋糕中间，若不粘任何面糊即完成。将蛋糕直接留在锅中放凉。

焦糖乳酪蛋糕

Caramel Cheese Cake

每回只要听到"焦糖口味",
我就有立即放入口中品尝的冲动。
对焦糖深深着迷的我,
决定把它加入到乳酪蛋糕中。
将焦糖混入面糊后,只要略微搅拌,
就会呈现大理石花纹,
不仅视觉迷人,味道更是精彩。
但熬煮焦糖时,请小心别熬焦了!

材料

奶油奶酪		250g
细砂糖		70g
鸡蛋		2个
蛋黄		1个
鲜奶油		200ml
低筋面粉		1大匙
焦糖	细砂糖	40g
	水	1小匙
	鲜奶油	50ml

■烘焙小贴士

由于焦糖比较浓稠,倒进面糊里时容易沉在底部。所以搅拌面糊时,要用从底部捞起来的感觉,才能将面糊搅匀。

1
制作焦糖酱汁

取一小锅倒入细砂糖和水,用中火加热。水沸腾后,颜色变成麦芽糖色时便可关火,加入鲜奶油。

加入鲜奶油时,小心酱汁喷溅。另外,若焦糖凝固的话,可用小火加热熔化。

2
混合面糊,倒入鲜奶油、焦糖

在钢盆中放入回温的奶油奶酪,用打蛋器搅拌后加入细砂糖搅匀。然后加入打好的蛋液搅拌至滑顺,再加入过好筛的低筋面粉、鲜奶油和焦糖酱汁混合搅拌。

3
倒入内锅,准备烘烤

在内锅壁上先涂一层奶油(材料外),倒入步骤2的面糊后按下煮饭键。做好后将竹签插入蛋糕中间,若不粘任何面糊即完成。将蛋糕直接留在锅中放凉。

恰如其分的焦糖香
在蛋糕上留下褐色印记

▓ 令人食欲大振的新组合！

果仁乳酪蛋糕

Mixed Nuts Cheese Cake

在蛋糕里加入低温烘焙的果仁，
不论是香气还是口感都让人惊喜！
亮眼脆绿的开心果，
画龙点睛的点缀，令人食欲大振。

（材料）

奶油奶酪	·············	250g
细砂糖	·············	70g
鸡蛋	·············	3 个
鲜奶油	·············	200ml
低筋面粉	·············	1 大匙
果仁 ┬ 杏仁	·············	20g
├ 核桃	·············	20g
├ 夏威夷果	·············	20g
└ 开心果	·············	10g

1
低温烘焙各式果仁、混合
面糊

将果仁（开心果除外）分
别加热烘烤后放凉。在钢盆中
放入回温的奶油奶酪，用打蛋
器搅拌均匀后再放入细砂糖。
加入打好的蛋液搅拌至滑顺，
再倒入过好筛的低筋面粉搅匀。

2
放入内锅，准备烘烤

将鲜奶油倒入步骤 1 的材
料中，加入烘焙完成的各种果
仁。在内锅壁上先涂一层奶油
（材料外），倒入面糊后按下煮
饭键。做好后将竹签插入蛋糕
中间，若不粘任何面糊即完
成。将蛋糕直接留在锅中放凉。

▓ 开启乳酪蛋糕的味觉革命！

芝麻乳酪蛋糕

Double Sesame Cheese Cake

细致的黑芝麻粉与饱满的白芝麻颗粒，
呈现特有的色、香、味，
开启乳酪蛋糕的味觉革命。

（材料）

奶油奶酪	·············	250g
细砂糖	·············	90g
鸡蛋	·············	3 个
鲜奶油	·············	150ml
低筋面粉	·············	1 大匙
黑芝麻粉	·············	2 大匙
白芝麻粒	·············	2 大匙

1
混合面糊

在钢盆中放入回温的奶油
奶酪，用打蛋器搅拌后加入细
砂糖拌匀。接着加入打好的蛋
液搅打至滑顺，再倒入过好筛
的低筋面粉，混合面糊。

2
倒入内锅，准备烘烤

将鲜奶油倒入步骤 1 的材
料中搅匀后，倒入黑芝麻粉和
白芝麻粒。在内锅壁上先涂一
层奶油（材料外），倒入面糊
后按下煮饭键。做好后将竹签
插入蛋糕中间，若不粘任何面
糊即完成。将蛋糕直接留在锅
中放凉。

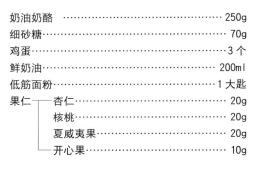

烘焙过的坚果香
黑白芝麻的双重奏
美妙的滋味无懈可击

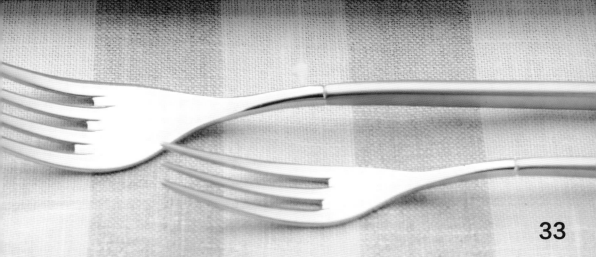

就是这样简单！

戚风蛋糕

松绵的戚风蛋糕搭配鲜奶油，是种幸福的象征。
只要准备专用的纸烤模，电子锅也能做出美味的戚风蛋糕。
烘焙重点就是掌握好蛋清发泡状态，与面糊充分地混合。

清爽的香草口味蘸点鲜奶油
无法比拟的美味

戚风蛋糕的基本做法

大人小孩都爱的戚风蛋糕，
只要准备好材料并依循下列步骤制作，
失败率几乎是零。
今天的点心就放心交给电子锅帮你完成吧！

材料 直径18cm、高9cm 的纸烤模1个

低筋面粉	70g
泡打粉	1/2 小匙
蛋黄	2 个
细砂糖	35g
色拉油	30ml
水	40ml
香草油	少许
蛋清	3 个
细砂糖	35g

面粉过筛、准备材料

将低筋面粉连同泡打粉一起过筛。

趁面糊的泡泡未消失前尽快放入锅是烘烤戚风蛋糕的重点。建议准备好所有材料及工具。另外鸡蛋的大小会影响蛋糕的膨胀度，建议选择大个的鸡蛋。

准备蛋糕烤模

准备戚风蛋糕的专用纸烤模（本书使用的为直径18cm、高9cm的纸烤模）。

混合蛋黄与细砂糖

把蛋黄、细砂糖倒入钢盆，用电动搅拌器仔细拌匀。

搅拌至如蛋黄酱般的质地。

加入色拉油、水、香草油

在步骤3的材料中加入色拉油、用打蛋器搅匀。然后倒入水和香草油一同搅拌。

倒入粉类

将事先过好筛的粉类加入步骤4的材料内，用打蛋器拌匀。

略微拌匀即可，不要搅拌太久。

制作蛋清霜

另取一只钢盆放入蛋清，用电动搅拌器打至六分发，分三次加入细砂糖继续搅拌。

蛋清霜要搅拌至呈角状，尖端略微垂下的状态。

7 将蛋清霜倒入面糊中

把步骤6的蛋清霜分三次加入步骤5的钢盆中。第一次先用打蛋器搅拌，之后用橡胶刮刀轻轻拌匀即可。

8 倒入纸烤模

将面糊倒入蛋糕纸烤模中，在平台上轻振几次，去除多余空气，使面糊表面平整。

面糊倒入约七分满就好。倒太满，烘烤时容易因为膨胀而溢出。此次的量大约是直径18cm、高9cm的纸烤模七分满的程度，分量刚刚好。

9 放入内锅

把纸烤模放入内锅，按下煮饭键。

烘烤中途打开锅盖，会导致蛋糕塌陷，因此请勿随意开启。一般最少需要40min的烘烤时间，若不到时间信号声就响起，请勿开盖，并再次按下煮饭键。

10 烘烤完成

取出蛋糕，倒置在冷却盘架上冷却。

若将蛋糕正面朝上冷却，蛋糕体会塌陷，请倒置放凉。

视情况调整烘烤时间

由于每种品牌的电子锅都有不同的蒸煮时间设定，因此很容易发生时间到了，但食材仍是半生不熟的情况。因此，建议烘烤时间不要少于40min。若时间到了，打开锅盖却发现糕点未顺利膨胀，则表示时间不足，下次制作时请延长时间。

另外，部分电子锅产品会因为设计不同等缘故，而不适用于制作本书介绍的甜点，请事先确认家中的电子锅类型，再动手烘烤。

 1
 6
 2
 7
 3
 8
 4
 9
 5
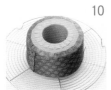 10

伯爵红茶戚风蛋糕

Earl Grey Chiffon Cake

有如梦幻逸品的伯爵红茶戚风蛋糕，
只要端上桌，立即会让众人发出赞叹声。
膨松、有弹性的口感是它最大的迷人之处，
不仅是吃的人，
连做的人都会因为它而感到幸福，
下面与大家分享这款我经过反复试验才成功的蛋糕。

■■烘焙小贴士

材料中的茶叶可直接使用茶包。若是使用罐装茶叶，可以磨碎后再加入。

 材料 直径 18cm、高 9cm 的纸烤模

低筋面粉	70g
泡打粉	1/2 小匙
蛋黄	2 个
细砂糖	35g
色拉油	30ml
伯爵红茶（茶汁）	40ml
伯爵红茶茶包	1/2 包
蛋清	3 个
细砂糖	35g

1

准备材料

把低筋面粉和泡打粉过筛。冲泡伯爵红茶，泡至色泽变深后待凉。准备蛋糕纸烤模。

2

混合面糊

在钢盆中加入蛋黄、细砂糖，用电动搅拌器搅匀（参照P35 步骤 3）。倒入色拉油后用打蛋器搅匀，再加入伯爵红茶搅拌。最后倒入步骤 1 的粉类和茶叶，用打蛋器搅匀。

3

制作蛋清霜，加入面糊中

另取一钢盆倒入蛋清，用电动搅拌器打至六分发，将细砂糖分三次加入继续打发。完成后分三次加进步骤 2 的材料中（参照 P35 步骤 6、7）。

4

倒入纸烤模，放入内锅烘烤

把面糊倒入纸烤模中，在平台上轻磕几下振出空气，使糊面平整。放入内锅后按下煮饭键。做好后，将蛋糕倒置在冷却盘架上即完成（参照P35 步骤 8～10）。

混合着茶香的滑顺口感
在口中久久不散

意式浓咖啡的淡淡苦涩
烘托蛋糕的完美香甜

咖啡戚风蛋糕

Coffee Chiffon Cake

特地使用了意式浓咖啡粉来制作，
让咖啡的香气攀上顶峰，唤醒你舌上的味蕾。
直径 12cm 的小巧尺寸，有如手掌般大小，
只要稍作包装便成了展露心意的小礼物。
等大家享用完，再宣布这款蛋糕竟是电子锅完成的作品，
众人惊讶的表情绝对会提升你的成就感！

 材料 直径 18cm、高 9cm 的纸烤模

■■烘焙小贴士

下图的白色纸烤模尺寸为直径 12cm、高 6cm，蛋黄需减为 1 个。但因为分量减少，用电动搅拌器反而不易打发，建议改用打蛋器操作。

低筋面粉·············	70g
泡打粉·············	1/2 小匙
蛋黄·············	2 个
细砂糖·············	35g
色拉油·············	30ml
咖啡 ┬ 即溶咖啡粉·············	1 小匙
└ 热水·············	40ml
意式浓咖啡粉·············	2 小匙
蛋清·············	3 个
细砂糖·············	35g

1
准备材料

　　将低筋面粉和泡打粉一同过筛，即溶咖啡粉注入热水后待凉。准备蛋糕纸烤模。

2
混合面糊

　　在钢盆中放入蛋黄、细砂糖，用电动搅拌器搅匀（参照 P35 步骤 3）。加入色拉油，用打蛋器搅匀后再倒入咖啡。最后加入步骤 1 的粉类和咖啡粉，用打蛋器轻轻搅匀。

3
制作蛋清霜

　　另取一钢盆倒入蛋清，用电动搅拌器打至六分发，将细砂糖分三次加入继续打发。完成后，分三次加进步骤 2 的材料中搅拌（参照 P35 步骤 6、7）。

4
倒入纸烤模，放入内锅烘烤

　　将面糊倒入纸烤模中，在平台上轻磕几下振出多余的空气，使糊面平整。放入内锅后按下煮饭键。煮好后，把蛋糕倒置在冷却盘架上即完成（参照 P35 步骤 8～10）。

清爽口感美味满分！

柠檬戚风蛋糕

Lemon Chiffon Cake

柠檬的清爽，

入口后，从舌尖扩散到整个口腔，

凸显蛋糕的高雅。

以前做水果戚风蛋糕时，曾因加入果汁而失败。

这次就改用果皮代替果汁，

成品果然不负众望、美味满分。

换成橘子皮又是截然不同的风味哦！

 材料 直径 18cm、高 9cm 的纸烤模

低筋面粉	70g
泡打粉	1/2 小匙
蛋黄	2 个
细砂糖	35g
色拉油	30ml
水	40ml
柠檬皮（磨成泥）	1/2 个
蛋清	3 个
细砂糖	35g

烘焙小贴士

　　加入果皮时，记得要沥干水分，因为水分会影响面糊的膨胀，请千万注意。另外，市售的浓缩柠檬汁也不适用于本款蛋糕。

1

准备材料

　　将低筋面粉与泡打粉一同过筛。用盐将柠檬外皮上的蜡清洗干净，用削泥器磨下黄色果皮（不要磨到白色部分）。准备蛋糕纸烤模。

2

混合面糊

　　在钢盆中放入蛋黄、细砂糖，用电动搅拌器搅匀（参照P35 步骤 3）。倒入色拉油用打蛋器搅拌，再加入水和柠檬皮泥继续搅拌。把步骤 1 的粉类筛入盆中。

3

制作蛋清霜

　　另取一钢盆倒入蛋清，用电动搅拌器打至六分发，将细砂糖分三次加入继续打发。完成后分三次加入步骤 2 的材料中（参照P35 步骤 6、7）。

4

倒入纸烤模，放入内锅烘烤

　　把面糊倒入纸烤模中，在平台上轻磕几下振出多余空气，使糊面平整。放入内锅后按下煮饭键。做好后，把蛋糕倒置在冷却盘架上即完成（参照P35 步骤 8～10）。

40

柠檬的清新香气
一吃就上瘾
百吃不厌

饼干和小布丁

想自己动手做些甜点，偏偏又没多少时间，而手边食材也只剩下一个鸡蛋！

哪怕天时地利都不配合，也能让你轻松完成速成点心。

模样小巧的饼干与冰凉的小布丁，用来招待朋友最适宜。

厚实口感中掺入酸甜的蔓越莓
充斥着恰到好处的美味

石头饼干

Rock Cookie

用电子锅也能烤饼干?
关于这问题,我的确思考许久。
接下来示范的都是口感偏湿的软质饼干。
这道石头饼干特别强调蔓越莓的酸和核桃的香,
让味道表现得更具层次变化。
但请注意一次不要烤太多,
面团容易黏结变形,排放时要保留适当距离。

材料 25～30 个的分量

A ┬ 低筋面粉	·················	150g
└ 泡打粉	·················	1/4 小匙
无盐奶油	·················	80g
细砂糖	·················	80g
鸡蛋	·················	1 个
核桃	·················	30g
蔓越莓干	·················	25g

1

混合奶油、细砂糖

将回温软化的奶油放入钢盆,用打蛋器打至稠厚。加入细砂糖,搅拌至呈乳白色。

2

加入鸡蛋、粉类、水果干

把打好的蛋液分三次倒入步骤 1 的材料中,并加入过好筛的材料 A,用橡胶刮刀搅匀。将烘焙好的核桃(参照 P6)切碎后,与蔓越莓干一起加入面团中。

面团若产生黏性可先放入冰箱冷藏。

3

放入内锅,准备烘烤

撕下一口大小的面团揉成圆球,保持适当距离放入内锅并按下煮饭键,烤至信号声响起为止。

剩余的待烤面团先放入冰箱保存,当日若不再烘烤就放入冷冻库存放。

■■烘焙小贴士

若希望饼干两面呈现均匀色泽,可翻面后再次启动煮饭键。只是石头饼干本来就不易烤出颜色,因此不需烘烤太长时间。

雪球饼干

Snow Ball

雪球饼干的最大特色便是那松绵的口感。
想要呈现雪球般的白细质感，
利用电子锅，完全不用担心会烘烤过头。
若能加入核桃，香味将更加诱人。

 材料 25～30 个的分量

A —— 低筋面粉	·············	150g
└ 杏仁粉	·············	70g
无盐奶油	·············	100g
细砂糖	·············	40g
核桃	·············	30g
糖粉	·············	适量

1
制作面团，放入冰箱冷藏

核桃烘焙后切块。将细砂糖加入奶油中搅拌（参照 P43 步骤 1），再加入过好筛的材料 A。将粉类搅拌均匀即可放入核桃。将面团分成两份，揉成棒状后用保鲜膜包好，放进冰箱冷藏 2h，使面团紧实。

2
放入内锅，准备烘烤

撕下一口大小的面团搓成圆球，保持适当距离放入内锅，按下煮饭键，烤至信号声响起。待温度降低后再撒上糖粉。

剩余的待烤面团可放入冰箱保存，当日若不再烘烤就放入冷冻库存放。

绵细的口感与核桃的香味
环绕舌间久久不散

奶油酥饼

Short Bread

将擀平的面团直接放进锅里烘烤，
大胆的造型，让人惊奇！
因为饼干本身容易散开，
切记要等待温度降低，再用木铲小心取出。

酥脆的饼皮
香醇中带着清甜
实在美味

 材料 约 2 大片

A	低筋面粉	120g
	玉米粉	15g
	三温糖	40g
无盐奶油		100g
盐		少许

1
将粉类、奶油混匀

把过好筛的材料 A 放入钢盆，将奶油切成 1cm 见方的块加入，用刮板搅拌至整体面团呈乳黄色。之后用手揉和面团。

2
放入内锅，准备烘烤

将面团均分成两份，分别压成 1cm 的厚度。取一片放入内锅，按下煮饭键烤至信号声响起。待温度降低，用木铲慢慢取出。

剩余的待烤面团可放入冰箱保存，当日若不再烘烤就放入冷冻库存放。

45

芥末子奶酪饼

Cheese & Poppy Seed Cookie

尝过芥末子的口感吗?
若你曾经试过,一定觉得很有趣吧!
这款饼干使用的是绿芥末子,也可以用白芥末子代替。
隐藏在奶酪面团中的柠檬香,
让整体口味顿时清爽许多。
宛如精巧版的乳酪蛋糕,
放凉后,更能尝出其中滋味。

材料 25～30 个的分量

A——低筋面粉 ·································	100g
└─杏仁粉 ·································	20g
无盐奶油 ·································	50g
细砂糖 ·································	80g
蛋黄 ·································	1 个
奶油奶酪 ·································	60g
柠檬汁 ·································	1 大匙
芥末子 ·································	1 大匙

烘焙小贴士

芥末子也可以用芝麻代替,呈现另一种
香气与口感,滋味也很不错哦!

1
混合奶油、细砂糖

用打蛋器搅拌回温后的奶
油和奶油奶酪,打至如奶油般
便可加入细砂糖。然后倒入蛋
黄和柠檬汁,用橡胶刮刀拌至
滑顺,再倒入过好筛的材料 A
轻拌,最后加入芥末子。

2
揉整面团,放入冰箱冷藏

面团均分成两份揉成棒
状,用保鲜膜包好,放入冰箱
冷藏约 1h。

3
放入内锅,准备烘烤

将步骤 2 的面团切成 1cm
厚的片,保持适当距离放入内
锅,按下煮饭键,烤至信号声
响起。

剩余的待烤面团可放入冰箱
保存,当日若不再烘烤就放入冷
冻库存放。

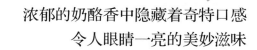

浓郁的奶酪香中隐藏着奇特口感
令人眼睛一亮的美妙滋味

香浓的燕麦与点缀其中的巧克力碎粒
让人吃一口就会疯狂爱上它

:: 兼顾健康与美味的组合尤其让人惊艳!

巧克力燕麦饼

Oatmeal & Chocolate Chip Cookie

利用电子锅烘烤甜点的最大特色就是不怕焦,
但同时也会有无法呈现诱人色泽的小遗憾。
那么,就加入适量烘焙过的燕麦片吧,
它将让饼干的美味再升级,
与巧克力碎粒的组合尤其让人惊艳!
真想立即与亲朋好友一起分享。

 材料 25 ～ 30 个的分量

低筋面粉 ···	100g
无盐奶油 ···	50g
细砂糖 ···	50g
蛋黄 ··	1 个
燕麦片 ···	30g
巧克力碎粒 ··	25g

▪▪烘焙小贴士

由于这款饼干的奶油含量较高,若想包装成礼物送人的话,记得先铺一层烘焙纸,以免盒子渗出油渍影响美观。

1

混合面糊

燕麦片用平底锅烘焙后放凉(参照 P6)。在奶油中加入细砂糖搅拌(参照 P43 步骤 1)后倒入蛋黄拌匀,再倒入过好筛的低筋面粉轻拌,最后加入燕麦片和巧克力碎粒。

2

揉和面团,放入冰箱冷藏

将面团均分为两份,分别揉成棒状并用保鲜膜包好,放入冰箱冷藏约 1h。

3

放入内锅,准备烘烤

把步骤 2 的面团切成约 1cm 厚的片,保持适当距离放入内锅并按下煮饭键,烤至信号声响起。

剩余的待烤面团可放入冰箱保存,当日若不再烘烤就放入冷冻库存放。

杏仁布丁

Almond Pudding

我喜欢杏仁豆腐的滑溜口感与布丁的香浓甜蜜，
那么将两者合体会碰撞出什么样的火花呢？
在这样灵感的驱使下，
我完成了这次的新挑战。
因为加了杏仁霜，
所以布丁飘散着淡雅的杏仁香。
舀起一匙布丁，
滑入口中的是滑顺的质感与杏仁的香甜，
杏仁酒风味的糖浆，
让布丁展现出它内敛的美味。

 **材料** 约2杯份

鸡蛋	1个
细砂糖	15g
牛奶	100ml
鲜奶油	40ml
杏仁霜	1大匙
糖浆 ── 细砂糖	2大匙
水	3大匙
杏仁酒	1小匙
枸杞子	6粒

1
混合材料

　　将鸡蛋打入钢盆，加入细砂糖略微搅拌后，再倒入温牛奶搅匀。接着加入鲜奶油和杏仁霜仔细搅匀。

　　为了使细砂糖完全溶化，牛奶请加热至手触不感觉烫的程度，持续搅动勿让蛋液凝固。

2
放入内锅

　　将完成的步骤1的材料用滤网过滤，倒入容器后捞去表面多余的气泡，包上保鲜膜便可放入锅中。注入热水至布丁汁液一半的高度，按下煮饭键。等水蒸气冒出后即可切换为保温，焖5～10min。放凉后放入冰箱冷藏。

　　若器皿不稳，可在锅底铺几张餐巾纸。

3
制作糖浆，食用前淋上

　　取一个耐热容器，倒入细砂糖和水微波加热。待温度降低后再加入杏仁酒、水和泡过水的枸杞子，放入冰箱冰镇。享用布丁前淋上糖浆即可。

▦▦烘焙小贴士

　　加热时间过长会使布丁出现"蜂窝"，因此请留意时间。若轻晃器皿，表层中央出现波纹就表示差不多完成了，此时可关火，用余温帮助布丁定形。

滑嫩的杏仁布丁
淋上杏仁酒糖浆
丰富的味道引人入胜

焦糖布丁

Caramel Pudding

布丁口感大升级！
香柔滑顺，让人无法抵挡的滋味。
制作时请注意加热过程，掌控时间，
才能呈现出布丁的美味。

材料 约 2 杯份

鸡蛋⋯⋯⋯⋯⋯⋯⋯⋯⋯⋯⋯⋯⋯⋯⋯⋯⋯	1 个
细砂糖⋯⋯⋯⋯⋯⋯⋯⋯⋯⋯⋯⋯⋯⋯⋯	15g
牛奶⋯⋯⋯⋯⋯⋯⋯⋯⋯⋯⋯⋯⋯⋯⋯	100ml
鲜奶油 ⋯⋯⋯⋯⋯⋯⋯⋯⋯⋯⋯⋯⋯⋯	60ml
香草油 ⋯⋯⋯⋯⋯⋯⋯⋯⋯⋯⋯⋯⋯⋯	少许
焦糖糖浆——细砂糖⋯⋯⋯⋯⋯⋯⋯⋯	2 大匙
水⋯⋯⋯⋯⋯⋯⋯⋯⋯⋯⋯	1 小匙
水（起锅前用）⋯⋯⋯⋯⋯⋯	2 小匙

1
制作焦糖糖浆

取一个小锅倒入细砂糖和水，用中火加热。待糖汁颜色变深时关火，加入 2 小匙起锅前用的水。然后倒入容器，让焦糖糖浆静置凝固。

加水时糖浆会迸溅，小心别烫到。糖浆若凝固在锅中，可开小火加热。

2
调制布丁液，放入内锅蒸烤

混合蛋液和细砂糖，倒入温牛奶、香草油搅拌后，再加入鲜奶油，过滤出布丁液。将布丁液倒入步骤 1 的容器，捞除表层气泡后包上保鲜膜，放入内锅。注入热水至布丁液一半的高度，按下煮饭键。冒出水蒸气后切换成保温状态，焖 5 ～ 10 min。放凉后放入冰箱冷藏。

入口即化的一流口感
牛奶与鸡蛋成就动容滋味

第二章

由电子锅负责发酵，效率快又好！

超简单手工面包

美味面包

抹酱和果酱

甜面包和养生面包

完美膨胀度、口感十足的

美味面包

发酵是做面包时最麻烦的事，不仅花费时间，有时还无法顺利膨胀。

这时若能巧妙运用电子锅，从面团发酵到成形出锅，"一锅包办"，省时又省力。

不要再犹豫，只要体验一次，你就会爱上手工面包的绵软口感。

面包的基本做法

让我们从基础的面包做起吧！

材料

高筋面粉	200g
酵母粉	1 小匙
砂糖	2 小匙
盐	1/2 小匙
温水（35℃）	130ml
无盐奶油	20g

将材料放入钢盆内
将高筋面粉放入钢盆，在中央挖坑倒入酵母粉和砂糖，并沿着盆边缘加盐。

盐与酵母粉混合会影响发酵，加入时错开。

用温水溶解酵母粉
准备 40ml 温水倒入步骤 1 的坑中，木匙搅拌，使酵母粉与砂糖完全溶解。

酵母粉要完全溶解。

把面粉整体混合均匀
酵母粉和砂糖溶解好后，倒入剩余的水与周围的粉类一起混合均匀。

温水不可一次全部加入，要逐次少量加入，调整面团硬度。

加入奶油
把面粉揉和成一团后，加入变软的奶油用手抓捏使奶油均匀混入。

揉至面团表面不再带有油感即可。

揉和面团
顺着钢盆揉和面团。将面团揉出黏便可揉成团。

要想使面团产生黏性，可用抛或丢的方式，方便成形。

揉至面团表面光滑即可
待面团不再黏手，表面呈现光滑质时便可将面团取出来。

若面团仍带黏性，可撒些面粉降低度。

放入内锅
将面团揉成球状，在下方收口，放入内锅。

将面团揉和成球状可保持饱满不软塌。

8 第一次发酵
盖上锅盖设定保温 10min。时间到后不要打开锅盖，而是继续焖 15min 左右。面团会膨胀至原来的两倍大。

夏季由于气温较高，为避免锅内温度过高可打开盖子散热。若开启次数太频繁，可用喷雾器喷水补充水分。

9 用手指测试
用手指蘸少许面粉，插入面团中间后拔出，若凹洞无堵塞现象，表示第一次发酵完成。

如果有堵塞，就再放置几分钟继续发酵。

10 取出锅外醒面
取出面团后，用手掌轻压挤出多余空气，再揉和成圆球状，在室温下静置10min。为防止面团变干，请用拧干的湿布或保鲜膜覆盖。

让面团短暂"休息"，有助于松弛筋度、促进成形。

11 面团成形，二次发酵
用手掌轻压面团，挤出残余空气。将面团再次揉和成球状后放入内锅。保温 10min，时间到后继续发酵10min。

12 烘烤完成
按下煮饭键，开始烘烤。之后取出锅外放凉，待温度下降后即可切片。

■■烘焙小贴士
用电子锅烘烤面包，很难从色泽上判断烘烤程度，建议用手按压面团，若感觉有弹性则表示面包差不多已烤好。一般的烘烤时间最少也需要 30min，取出时面包底部若带有金黄色烤痕便大功告成。

放凉后再切片

用电子锅烘烤的面包含水量较高，出锅后立即切片容易如图所示塌陷。待其自然冷却后再切片，会比较平整漂亮。

培根奶酪面包

Cheese & Bacon Bread

奶酪与培根是永久不变的美味搭档。
早餐时吃下厚厚一大片，一整天都活力充沛。
切成薄片放进烤箱烘烤，更是好吃得不得了！

 材料

高筋面粉	200g
砂糖	2 小匙
盐	1/2 小匙
温水（35℃）	130ml
无盐奶油	20g
加工奶酪	80g
培根	2 片

1
准备奶酪、培根，揉制面团
　　将加工奶酪切成 1cm 见方的块状，擦干培根上的水切成边长 1cm 的片。剩下的材料依 P55 步骤 1～6 全部放进钢盆里揉和。

2
第一次发酵至烘烤完成
　　加入奶酪及培根后仔细混合均匀，依 P55 步骤 7～12 开始继续发酵并放入电子锅烘烤。之后取出直接放凉。

❖❖烘焙小贴士

　　加热后的培根香气扑鼻，搭配带咸味的奶酪真是无可挑剔。而培根与玉米的组合也值得一试哦！

玉米面包

Cornmeal Bread

以玉米为原料的玉米粉，
分为粗粒研磨和细粉研磨两种。
个人认为粗粒研磨的颗粒口感最适合做面包，
欢迎大家也试试看哦！

 材料

高筋面粉	200g
玉米粉	2 大匙
酵母粉	1 小匙
砂糖	2 小匙
盐	1/2 小匙
温水（35℃）	130ml
色拉油	2 大匙
装饰用玉米粉	适量

1
混合面粉材料
　　将面粉和玉米粉放入钢盆，在中央挖坑后倒入酵母粉和砂糖，沿着盆缘加入盐。依 P55 步骤 2～6 倒入温水后再加入色拉油，揉和面团至光滑。

2
第一次发酵至烘烤完成
　　依 P55 步骤 7～10 完成第一次发酵，取出面团醒面。手掌轻压面团挤出多余空气，揉和成球状。取少许玉米粉铺在锅内再放入面团，面团上方也撒上玉米粉后启动保温10min。时间到后继续发酵约10min，便可按下煮饭键烘烤。

❖❖烘焙小贴士

　　在面团表面撒上玉米粉，烘烤后会形成有如马芬般的漂亮烤痕。用来做三明治，里外都看点十足。

刚出锅的软弹口感与香味
切片后放在漂亮餐盘里
视觉与味觉都享受到了

培根奶酪面包

玉米面包

罗勒的香气
洋葱的清甜
咬一口就难以忘怀

罗勒面包

洋葱面包

58

罗勒面包
Basil Bread

因为在面包里加入了干燥的罗勒叶，
因此不管是夹番茄做成三明治，
还是直接蘸橄榄油来享用，都别有滋味。
越是简单的吃法，越能吃到朴实的原味。

高筋面粉 ······························ 200g
酵母粉 ······························· 1 小匙
砂糖 ································ 2 小匙
盐 ·································· 1/2 小匙
温水（35℃） ··························· 150ml
橄榄油 ······························· 1 大匙
干燥罗勒叶 ··························· 2 小匙

1
混合面粉材料
　参照 P55 的步骤 1 将材料
放入钢盆，沿着盆缘加入干燥
的罗勒叶和盐。奶油用橄榄油
取代，参照 P55 步骤 2 ～ 6 揉
和面团。

2
放入内锅烘烤完成
　按照 P55 步骤 7 ～ 12 的
顺序制作，入锅烘烤。做好后
取出来放凉。

::烘焙小贴士
　如果没有干燥的罗勒叶，也可以使用新鲜的
罗勒叶制作。取三四片叶子切碎后加入面团里。

洋葱面包
Onion Bread

轻咬一口面包，洋葱的香味瞬间在嘴中扩散。
在假日的早晨搭配沙拉一同享用，
享受惬意的时光，最能让人放松心情。
制作时，记得要沥干洋葱的多余水分哦！

高筋面粉 ······························ 200g
酵母粉 ······························· 1 小匙
盐 ·································· 1/2 小匙
温水（35℃） ··························· 120ml
无盐奶油 ····························· 20g
洋葱（切成小丁） ······················ 60g

1
混合面粉材料
　按照 P55 的顺序揉和面
团，在步骤 6 时加入洋葱丁。
　洋葱的水分要去除干净。面
团揉到后来会带有黏性，可撒些
面粉再揉和。

2
放入内锅烘烤完成
　从 P55 的步骤 7 继续制作，
做好后取出来放凉。

::烘焙小贴士
　加入面团的材料会影响发酵速度。而混有洋
葱的面团会使发酵时间缩短，因此请勿保温过久。

说不出的浓浓怀旧感！

红糖面包
Black Sugar Bread

特地使用红糖制作的香甜面包，
有种说不出的浓浓怀旧感。
利用长筷子压线，方便掰成小块入口。
若能在锅底铺一层红糖再烘烤，
整体美味再升级！

 材料

高筋面粉	200g
酵母粉	1 小匙
红糖	2 大匙
盐	1/2 小匙
温水（35℃）	130ml
无盐奶油	20g
锅底用红糖	适量

让人爱不释口的美好回忆！

牛奶面包
Milk Bread

牛奶般的纯白色泽和清爽的口味，
抹上果酱或搭配其他餐点，
都不影响它的好味道。
绵软的口感，可爱小巧的外形，
是让人爱不释口的美好回忆。

 材料

高筋面粉	200g
酵母粉	1 小匙
砂糖	1 大匙
盐	1/2 小匙
牛奶	130ml
无盐奶油	20g

■■烘焙小贴士
这款用牛奶代替水制作的面包，在夏天制作时可省去牛奶加热的工序。

1
混合材料，用筷子分割面团

依 P55 的方法把材料放入钢盆中，用红糖取代砂糖。到步骤 10 时，用手掌轻压面团挤出多余空气并揉成圆球状，再用长筷子分成六份。

2
放入内锅，烘烤完成

内锅底部铺上一层红糖，有压线的一面朝下放入。按下保温键 10min，时间到后继续留在锅中发酵约 10min，之后按下煮饭键。做好后将面包倒扣放凉。

■■烘焙小贴士
用筷子分割面团时不能只是在表面压线，因为面团烘烤后会膨胀使分隔线消失。正确做法是将筷子压下后滚动一下让面团缝伸展约 2cm 的宽度。

1
混合面粉材料

依照 P55 的步骤 1 把材料放入钢盆。步骤 2 的温水改为牛奶，依序制作至步骤 9。牛奶要加热后再加入。

2
醒面至烘烤完成

依照 P55 的步骤 10，挤出面团中的多余空气后切成四等份。分别揉成圆球状，用保鲜膜或湿毛巾盖上，静置在室温中 5min 左右。然后依 P55 的步骤 11 二次发酵，再放入锅中烘烤。

回到儿时的点心时光
温和的甜味令人倾心

红糖面包

牛奶面包

61

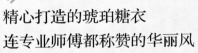

精心打造的琥珀糖衣
连专业师傅都称赞的华丽风

咖啡糖衣麻花圈

Braided Bread with Coffee Icing

今天要为面包绑上麻花辫，颠覆既定形象，
反复揉捏的工序，让面包口感更湿润。
为了使成形的面团呈现编绳般的美丽线条，
醒面是不可或缺的环节，但也不能勉强拉扯。
糖衣要趁面包热时淋上，以加速凝固。
小小展露的豪华感，是最佳的伴手礼。

材料

高筋面粉	200g
酵母粉	1 小匙
砂糖	1.5 大匙
盐	1/2 小匙
温水（35℃）	60ml
无盐奶油	35g
鸡蛋	1 个
装饰糖浆 ┬ 糖粉	3 大匙
├ 咖啡粉	1 小匙
└ 水	1 ～ 1.5 小匙

::烘焙小贴士

制作糖浆时使用的咖啡粉，选择即溶咖啡
即可。

1
混合面粉材料
依照 P55 的步骤 1 ～ 6，把
材料放入钢盆中，用温水溶解酵
母粉和砂糖，再倒入蛋液。搅拌
面糊，将剩余的温水分次倒入，
大致拌匀后再放入奶油揉和。

2
第一次发酵至醒面
依 P55 的步骤 7 ～ 9 完成
第一次发酵。至步骤 10 时挤
出空气，将面团揉成圆球状。
用刮板分成三等份，用蘸湿的
毛巾或保鲜膜盖上置于室温下
醒面 15min。

3
编织麻花辫
把三个面团放在桌上，用
手掌压出残余空气。将面团拉
成长约 35cm 的长条，三股编
成麻花辫。编至尾端时，将头
尾接成一个圆圈。

4
二次发酵至淋上糖衣
将完成的步骤 3 的材料放
入内锅，保温 10min。时间到
后继续留在锅中再发酵 10min，
按下煮饭键。完成后取出面包
放在冷却盘上，趁热淋上糖浆
（做法参见 P52 的步骤 1）。

:: 口感多变的组合！

葡萄干餐包
Raisin Bread

三种风味的葡萄干，
为面包在口中呈现的口感增加层次变化。
尽管使用的是一般葡萄干，仍无损面包的美味哦！

 材料

高筋面粉	200g
酵母粉	1 小匙
砂糖	2 小匙
盐	1/2 小匙
温水（35℃）	85ml
无盐奶油	20g
鸡蛋	1/2 个
葡萄干	共 60g

（此次使用的是一般葡萄干、绿葡萄干及黄金葡萄干。）

1
混合面粉材料
　　依 P55 步骤 1～6 将材料放入钢盆中，倒入少量温水溶解酵母粉和砂糖，再加入蛋液。搅拌面团，将剩余的温水分次倒入，接着加入奶油揉和。把泡水还原的葡萄干沥干水分，加进面团里一同揉和。

2
第一次发酵至烘烤完成
　　依 P55 的步骤 7～9 制作，至步骤 10 时挤出面团中的多余空气，分成八等份。揉成圆球状用湿毛巾或保鲜膜覆盖上，放在室温下约 5min。接着继续 P55 的步骤 11，入锅烘烤。

■■烘焙小贴士
　　黄金葡萄干比一般葡萄干的颜色更亮，绿葡萄干则是由原种麝香葡萄干燥制成的。以上食材均可在进口食品店或糕点原料店购得。

:: 点心或主食的最佳选择！

核桃奶酪面包
Walnut and Cream Cheese Bread

这次我尝试在核桃面包内包入奶油奶酪，
结果吃过的人个个赞不绝口，
当作点心或主食都很不错哦！

 材料

高筋面粉	200g
酵母粉	1 小匙
砂糖	2 小匙
盐	1/2 小匙
温水（35℃）	130ml
无盐奶油	20g
核桃（事先烘焙过）	50g
奶油奶酪	80g

■■烘焙小贴士
　　材料中的奶油奶酪即便加热也不易熔化。爱吃奶酪的人可以多加一点。

1
混合面粉材料
　　依 P55 的顺序完成至步骤 6，将烤好的核桃切碎加入面团中。再依 P55 步骤 7～9 制作，用手挤出面团中的空气，平均切分成八份。揉成圆球状后用湿毛巾或保鲜膜覆盖上，放在室温下约 5min。

2
包馅成形至烘烤完成
　　用手掌挤出面团中的残留空气，包入奶油奶酪块。放入内锅后按下保温键 10min，待时间到后继续在锅中发酵 10min，再按下煮饭键。做好后取出来放凉。

葡萄干餐包

核桃奶酪面包

把面团切分成小块
让面包的吃法更富变化

让面包美味更升级！

抹酱和果酱

滋味独特的手工抹酱与果酱，最需要电子锅的"焖煮"功能。
你完全不需担心煮焦或走味，按下按键，就能让食材的鲜味尽释。

鸡肝洋葱酱

清醇的白酒和月桂叶让鸡肝的腥味消失无踪。
炖煮后的奶霜质感细腻，是让人想与酒共品的成熟风味。

材料

鸡肝	200g
洋葱	1/2 个
A ┬ 白酒	150ml
├ 蒜头	1/2 片
└ 月桂叶	1 片
鲜奶油	50ml
黄芥末	1 大匙
顶极精榨橄榄油	1 小匙
盐、胡椒	各少许

电子锅焖煮后，使用果汁机搅碎

用清水冲洗鸡肝上的多余油脂和筋膜，洋葱切片后与材料 A 一起放入内锅，按下煮饭键。煮好后，待温度降低后取出月桂叶，与黄芥末、鲜奶油、橄榄油一同倒入果汁机搅碎。若食材不易搅拌，可倒入少量橄榄油（分量外）。最后加盐和胡椒调味。

金枪鱼抹酱

提到三明治，就绝对少不了金枪鱼。
放入电子锅烘烤并用白酒调味，再搭配上鳀鱼，滋味更诱人。

材料

A ┬ 金枪鱼罐头	150g
├ 洋葱	1/2 个
├ 白酒	150ml
├ 蒜头	1/2 片
└ 月桂叶	1 片
鲜奶油	30ml
鳀鱼	2 片
酸豆	1 大匙
盐、胡椒	各少许

烘焙小贴士

烹调完毕后若部分食材出水的话，请倒掉多余水分再放入果汁机搅拌。鱼的含盐量较高，调味时要注意。

电子锅焖煮后，使用果汁机搅碎

洋葱切片。将材料 A 放入内锅按下煮饭键。煮好后，待温度降下后便可连同鳀鱼片、酸豆、鲜奶油倒入果汁机中搅碎。最后可加入少许盐和胡椒调味。

无花果果酱

无花果颗粒爽脆，制成果酱风味绝佳。
注意不要煮太熟，
以保留果肉的鲜美口感。

材料

无花果	4 个（约 400g）
细砂糖	150g
柠檬汁	1 大匙

烘焙小贴士

若焖煮至信号声响起可能会过烂，建议中途开盖检查。

准备材料，按下煮饭键

　　无花果连皮切成一口大小后放入内锅。将细砂糖、柠檬汁倒入，静置15min。按下煮饭键，炖煮约30min后开盖检查。可依个人喜好调整口感。

苹果肉桂酱

苹果和肉桂的组合，散发苹果派般的芳醇香气，
清新的甜味征服你的味蕾。

材料

苹果	2 个
细砂糖	150g
柠檬汁	1 大匙
肉桂（粉末）	1/2 小匙

准备材料，按下煮饭键

　　苹果削皮后切成小块，放入内锅。再将细砂糖、肉桂粉、柠檬汁倒入，静置 15min。按下煮饭键，炖煮约 30min 后开盖检查。可依个人喜好调整口感。

双莓果酱

大人小孩都喜欢的莓果果酱，
利用蓝莓和覆盆子，打造充满深度的成熟口味。

材料

覆盆子（冷冻）	150g
蓝莓（冷冻）	150g
细砂糖	120g
柠檬汁	1 大匙

准备材料，按下煮饭键

　　莓果均不需解冻，可以直接放入内锅。将细砂糖、柠檬汁倒入，静置 15min。按下煮饭键，炖煮约30min 后开盖检查。可依个人喜好调整口感。

甜面包和养生面包

好吃得让人想一个接一个放入口中的甜面包、
用天然食材制作的三明治、美味又健康的养生面包，
美好的一天就从丰富的餐点开始吧！

甜蜜的枫糖环抱着香脆的核桃
激荡出惊艳的美味漩涡

枫糖面包

Maple Sugar Bread

枫糖是近来颇受欢迎的人气食材，
与枫糖浆相比枫糖砂更便于初学者练习制作。
由于核桃果仁拌入枫糖砂的关系，
面包由内而外都散发着诱人香气。
揉和面团时，
只要把面团交叠卷起来便可完成漩涡造型。

材料

高筋面粉	200g
酵母粉	1 小匙
枫糖砂	2 大匙
盐	1/2 小匙
温水（35℃）	130ml
无盐奶油	20g
核桃	40g
枫糖砂	1.5 大匙

1

混合材料至揉整面团

依 P55 的步骤 1 把材料放入钢盆。用枫糖砂取代砂糖，并按顺序制作至步骤 6。

2

第一次发酵至醒面

将面团放入内锅进行第一次发酵。完成后用手掌轻压，挤出面团内的空气再揉和成圆球状，然后用保鲜膜或湿毛巾盖上静置约 10min（参照 P55 步骤 7 ～ 10）。

3

延展面团，卷起

将面团延展成长方形，再把烘焙好的核桃切碎（参照 P6），与枫糖砂一起拌匀铺上。边缘保留 1cm 的空间，由前往后卷起。

4

二次发酵至烘烤完成

将卷好的面团分成八等份，放入内锅再按下保温键 10min。时间到后继续留在锅中发酵 10min，便可按下煮饭键。做好后将面包倒扣取出放凉。

■■烘焙小贴士

将面团延展至约 25cm×30cm 的大小，使用擀面棍可让面皮厚薄一致。

1

制作焦糖，混合面粉材料

　取一个小锅放入细砂糖和2小匙水，用中火加热，待色泽变深后再加入 80ml 水。等温度略降后用量杯盛装，加入鲜奶油至 150ml 后搅拌均匀。依照 P55 的步骤 1～9 制作面团，用焦糖取代温水，进行第一次发酵。

2

二次发酵至烘烤完成

　遵照 P55 的步骤 10，挤出面内的空气后分成三等份。揉和成圆状后用保鲜膜或湿毛巾覆盖，置于温下约5min。依 P55 步骤 11 开始制完成二次发酵后即可入锅烘烤。

享受质地厚实的口感！

焦糖面包

Caramel Bread

由于等待焦糖冷却需要一段时间，
建议事先做好备用。
本款面包的质地偏厚实，发酵时间相对较长。
制作时请放松心情，享受整个过程吧！

材料

高筋面粉	·················	200g
酵母粉	·················	1 小匙
盐	·················	1/2 小匙
无盐奶油	·················	20g
焦糖——细砂糖	·········	3 大匙
├─水	·········	2 小匙
├─水	·········	80ml
└─鲜奶油	·········	60 ～ 70ml

■■烘焙小贴士

　制作焦糖时，要小心加水时会进溅。此外，若锅底有焦糖凝固可再开小火使其熔化。由于面团中加入焦糖质地会变厚实，需发酵 30 ～ 40min。可观察面团膨胀程度决定是否需要延长发酵时间，若摸起来充满弹性且富含空气，即表示发酵完成。

浓郁的焦糖香
散发着成熟的魅力

多汁的苹果果肉满布其中
贵族般的上等享受

▓烘焙小贴士

　　将面团延展至约 25cm×30cm 的大小，使用擀面棍可使面皮厚薄一致。

❖ 无限的极品美味!

苹果肉桂卷

Apple Cinnamon Bread

将新鲜苹果卷入面团中，
成为充分吸收香甜汁液的极品美味。
苹果与肉桂糖可帮助水分排出，
把握时机，迅速卷起面团是制胜关键。

🍴 材料

高筋面粉	200g
酵母粉	1 小匙
砂糖	2 大匙
盐	1/2 小匙
温水（35℃）	90～100ml
无盐奶油	20g
鸡蛋	1/2 个
苹果（小）	1 个
细砂糖	1.5 大匙
肉桂粉	1 小匙

1
混合面粉材料至成形

　　依 P55 步骤 1～6 将材料放入钢盆，用温水溶解酵母粉和砂糖后加入蛋液。将剩余的温水分次倒入，搅匀后加入奶油。依 P55 步骤 7～10 将面团延展成长方形，撒上肉桂粉和细砂糖，周围保留 1cm 的空间。将苹果切成厚约 5mm 的薄片均匀铺上，最后由前端往后卷起。

2
二次发酵至烘烤完成

　　用刮板将面团切为六等份，放入内锅后按下保温键 10min。时间到后继续留在锅中发酵 10min，然后按下煮饭键。做好后将面包倒扣取出放凉。

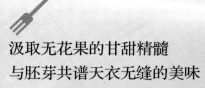

汲取无花果的甘甜精髓
与胚芽共谱天衣无缝的美味

■■烘焙小贴士

买不到低温干燥的无花果，也可用一般干
燥的无花果代替。将分量改为 80g，放入温水
中回软后再使用。

巧妙搭配的滋味！

无花果全麦面包

Graham Fig Bread

在充满小麦浓郁香气的面团里，
揉入无花果甜中带酸的果肉，
着实令人喜爱不已！

材料

高筋面粉	150g
小麦胚芽粉	50g
酵母粉	1 小匙
砂糖	2 小匙
盐	1/2 小匙
温水（35℃）	130ml
无盐奶油	20g
干燥无花果	100g

1
混合面粉材料
将高筋面粉和胚芽粉
倒入钢盆中，依 P55 的步
骤 1～2 放入材料，酵母
粉和砂糖要完全溶解开。
接着再依 P55 的步骤 3～6
制作，并把每个无花果切
成四份加入拌匀。

2
第一次发酵至烘烤完成
从 P55 的步骤 7 开始
制作、烘烤。做好后直接
取出放凉。

黑麦面包

Rye Bread

与单纯使用高筋面粉制作的面包相比，
加入黑麦粉的面包，吃起来更加扎实饱满。
切成薄片，搭配奶酪或烟熏鲑鱼，
真是好吃得令人忘我!

材料

高筋面粉	160g
黑麦粉	40g
酵母粉	1 小匙
砂糖	1 小匙
盐	1/2 小匙
温水（35℃）	130ml
黑麦粉	适量

1
混合面粉材料
　　将高筋面粉和黑麦粉
放入钢盆中，依照 P55 的
步骤 1～2 放入材料搅拌。

2
第一次发酵至烘烤完成
　　再依照 P55 的步骤
3～11 制作，将黑麦粉撒
在面团表面并入锅烘烤。
做好后直接取出放凉。

烘焙小贴士
　　由于本款黑麦面包在制作过程中未添加
奶油，所以面团会比其他面包的硬，质感也
更厚实。

蕴藏在黑麦中的极致香气
让人想停下脚步细细品尝

杂粮面包

Grain Bread

含有丰富营养的小麦、小米、玉米,
是大家眼中的养生食材。
现在有许多人喜欢煮粥时
在白米中加入其他杂粮,
那么就把这个方法运用在面包制作上吧!
选用市面上卖的杂粮包,
便可享用到不同谷类的营养。
和入面团前先煮一下,沥干水分备用。
由于谷物中已吸收少量水分,
因此制作面团时的水量就要特别控制。

高筋面粉	200g
酵母粉	1 小匙
砂糖	2 小匙
盐	1/2 小匙
温水(35℃)	70～80ml
无盐奶油	20g
混合谷类	40g

■■烘焙小贴士

煮过的谷类尽管已沥干,但仍会带有水分,加水前要先观察。另外,加入谷物会缩短面团发酵时间,注意不要保温太久。

1
谷类先用水煮过

取一个小锅装适量水,把谷类稍微洗过后放入锅中煮。煮至嚼起来偏硬的口感即可捞起,沥干水分。

2
混合面粉材料

依 P55 的步骤 1～2 把材料放入钢盆中,用温水溶解酵母粉和砂糖,再加入用纸巾吸干水分的谷类,搅拌至均匀。

3
揉和面团至醒面

依 P55 的步骤 3～10 揉和面团,放入内锅进行第一次发酵。发酵完成后取出静置在室温下约 10 min。

4
二次发酵至烘烤完成

依 P55 的步骤 11 入锅烘烤,做好后取出来放凉即可。

浓缩了谷类的营养
松软不涩口的健康美味

75

南瓜的纯朴甜味
配上可爱造型
真想大口享用

微甜的滋味适合搭配各种餐点！

南瓜面包

Pumpkin Bread

南瓜与生俱来的亮丽色彩，让你食欲大开。
这款面包不仅拥有迷人的外表，
膨松的口感与阵阵香味同样真材实料。
微甜的滋味适合搭配各种餐点。

▮▮烘焙小贴士

由于南瓜的含水量不确定，制作时要注意。若揉和面团时感觉黏手，可撒上少量面粉。

材料

高筋面粉	200g
酵母粉	2/3 小匙
砂糖	2 大匙
盐	1/2 小匙
温水（35℃）	80～100ml
顶级精榨橄榄油	1 大匙
鸡蛋	1/2 个
南瓜	1/8 个
南瓜子	适量

1
混合材料
将南瓜去子、削皮后切成2cm 见方的块，放入耐热容器微波加热至竹签可轻松插入的状态。趁热用叉子将南瓜肉压成泥后放凉。依 P55 的步骤 1 将材料和南瓜泥放入钢盆中混合。

2
拌匀面团，烘烤
用温水溶解砂糖和酵母粉，再加入蛋液、橄榄油以及剩余的温水充分揉和。依 P55 的步骤 7～9 制作面团，轻压面团挤出残留空气。再依步骤 10 用刮板将面团分成八等份，在室温下放置 5min。放入锅中烘烤前，在面团表面摆上南瓜子便可按下煮饭键。做好后取出放凉。

1 混合面粉材料

依 P55 的步骤 1～6 将材料放入钢盆中拌匀，加入奶油揉和。待面团揉好后便可倒入黑芝麻。

2 第一次发酵至烘烤完成

依 P55 的步骤 7～9 制作面团，用手轻压面团挤出空气，用刮板切成四等份后将面团揉和成圆球状，在室温下放置 5min。接着从 P55 的步骤 11 开始放进锅中烘烤。烤好后取出来放凉。

❇ 多样的变化让人打心底里喜爱！

芝麻面包

Sesame Bread

黑芝麻的美味填满面包里的每个气孔，
朴实的滋味让面包的美味得以释放。
不管是当成小餐包来品尝，
还是填入芝麻酱享用，
多样的变化让人打心底里喜爱！

■烘焙小贴士

芝麻也可以换成芥末子，只要改变材料，就是另一种全新口感。

 材料

高筋面粉	200g
酵母粉	1 小匙
砂糖	2 小匙
盐	1/2 小匙
温水（35℃）	130ml
无盐奶油	20g
黑芝麻	2 大匙

越嚼越香的滋味
这就是芝麻的诱人魔力

蛋糕和面包的切片包装法

投入心血制作而成的甜点，你是否迫不及待地想与别人分享呢？
送出去前花点心思装饰一下，相信收到的人一定会惊喜万分，
满怀感激地收下你珍贵的心意。

片状切法

一般人对于蛋糕的基本印象：
用电子锅烘烤的圆润外形，别有俏皮的感觉。

当礼物时

招待客人时

将蛋糕对切后再对切，下刀前记得用温毛巾擦拭刀子，可以保证每片蛋糕都完美无缺。

将完整的戚风蛋糕送人前，就可以采用这种切片方法。若是鲜奶油较多的蛋糕，切片前先将蛋糕冷藏定形后再切会比较好。

招待客人也可以采用这种切法。盛盘时，在盘边装饰些奶油或香草叶，立刻增添高雅气息。记得要配合盘子尺寸切出适当的大小。

一口刚刚好
块状切法

方便入口的小巧外形，一点也不用担心吃相不雅。
各个角度的切面，秀出你精心准备的内馅或果干吧！

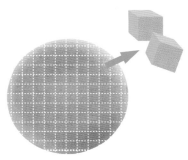

当礼物时

招待客人时

将蛋糕横向、纵向平行地切分，便可呈现出可爱的正方体。可从不同切面欣赏蛋糕的内馅。

装进空罐保存，不仅方便全家品尝，外观也很精致。若怕蛋糕变质，就只装入要吃的量，其余的放入冰箱冷藏。

将蛋糕切成比骰子略长的形状，用蜡纸包裹后再挑选喜欢的包装纸包上，可爱兼具品味的包装便完成了。

一口大小是甜点最适当的尺寸。即使蛋糕味道浓郁，也不怕还没吃完就觉得腻了。

长条切法

随性好拿的创新款式，
切片的厚度可以自行控制。

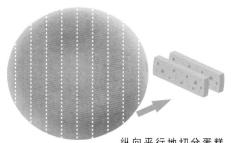

纵向平行地切分蛋糕。
较长的中间部分再横向对切
并修整两端，让外形变整齐。

当礼物时

将切条的面包
装入蜡纸袋，美味
的糕点便完成了。
若需过一段时间再
吃的话可如图所示
先切一半，等要吃
时再切片，面包就
不会干涩。

野餐郊游时

将切条的蛋糕
两端切整齐，漂亮
的磅蛋糕立即呈
现。裹上蜡纸放入
藤篮就可端上桌
是方便取用又不沾
手的贴心安排。

当早点时

喜欢涂抹果酱
或抹酱的人，可以
把面包切成薄片。
放置一晚后再切
片，稍加烘烤后依
旧好吃。

蛋糕和面包的包装法

手工完成的甜点，当然希望它可以呈现美味可口的一面。
利用现有材料，只要用点心思，就能展现过人品味！

蜡纸加报纸

将报纸对折订
成纸袋，做出想要
的大小。若能在内
层铺上蜡纸预防油
脂渗透就更显细心
了。西式的甜点选
用英文报纸包装，
更凸显搭配巧思。

纸杯

把蛋糕或面包装入纸杯，再放进
玻璃纸袋中打上蝴蝶结，骰子状的小
蛋糕映照出令人赏心悦目的颜色。若
能如左图所示使用透明塑料杯，更能
凸显质感。如果赠送对象是小朋友，
那就尽量选择色彩多变的小纸杯，相
信更能吸引他们的目光。

蜡纸

把条状蛋糕或
面包包裹上蜡纸，
宛若巧克力棒的外
形牵动每个人的食
欲。送给熬夜的朋
友当夜宵，或当运
动后恢复体力的小
点心，都能增进双
方感情。

蜡纸是包装时
必不可少的重要法
宝，不管是包饼干
还是面包都适合。
纸张本身有不易吸
附油脂的优点。若
能再绑上缎带装饰，
将更能提高礼物的
品质。

将蛋糕或面包
放在蜡纸中央，四
个角往上抓起，折
叠处用订书机封口，
再用纸绳束起，是
自然又不过分的装
饰。很多法国蛋糕
店也都喜欢这样随
性的包装方式。

藤篮

将切好的面包
装入藤篮中，最适
合郊游时使用。大
开口的藤篮可以装
入较多的分量，再
准备个浓汤、沙
拉，就是完美的午
餐了！

玻璃纸袋

把面包装进小
藤篮里，再放入玻
璃纸袋中绑上缎
带，呈现出一种简
洁而稳重的气质。
藤篮的材质及颜色
可视喜好选择。

戚风蛋糕大多
是赠送一个完整的，
尽管没有现成的蛋
糕盒也没关系，装
进玻璃纸袋中并系
上缎带，整体美感
一样不输给盒装。

Suihanki ni Omakase! Oishiiokashi & Fukkurapan

© Kumiko Ebata, Youichi Tanabe/Magazine–Top/Gakken

First published in Japan 2005 by Gakken Co.,Ltd.,Tokyo

Simplied Chinese Translation Copyright © 2013 by Beijing Xue Shi Sheng Yi & Culture Development Co.Ltd

Chinese Simplified Character translation rights arranged with Gakken Publishing Co.,Ltd.

through Future View Technology Ltd.

著作权合同登记号：图字16—2012—035

图书在版编目（CIP）数据

绝不失败的电子锅蛋糕面包／（日）江端久美子著；单文静译.—郑州：河南科学技术出版社，2013.8

ISBN 978-7-5349-6219-6

Ⅰ.①绝…　Ⅱ.①江…　②单…　Ⅲ.①蛋糕-制作　②面包-制作　Ⅳ.①TS213.2

中国版本图书馆CIP数据核字(2013)第074932号

出版发行：河南科学技术出版社

　　　　　地址：郑州市经五路66号　　邮编：450002

　　　　　电话：（0371）65737028　　65788613

　　　　　网址：www.hnstp.cn

策划编辑：刘　欣

责任编辑：葛鹏程

责任校对：柯　姣

封面设计：百朗文化

印　　刷：北京瑞禾彩色印刷有限公司

经　　销：全国新华书店

幅面尺寸：170mm×240mm　　印张：5　　字数：100千字

版　　次：2013年8月第1版　　2013年8月第1次印刷

定　　价：25.00元

如发现印、装质量问题，影响阅读，请与出版社联系。